蚂蚁王国数学大战

蚁族之争

智慧鸟 编

北方妇女儿童出版社
·长春·

图书在版编目（CIP）数据
蚁族之争 / 智慧鸟编绘 . -- 长春 : 北方妇女儿童出版社 , 2025. 4. -- (蚂蚁王国数学大战). -- ISBN 978-7-5585-9052-8
Ⅰ. O1-49
中国版本图书馆 CIP 数据核字第 2024C8L070 号

蚁族之争

YI ZU ZHI ZHENG

出 版 人　师晓晖
策 划 人　陶　然
责任编辑　庞婧媛
开　　本　787mm × 1092mm　1/16
印　　张　9.5
字　　数　200 千字
版　　次　2025 年 4 月第 1 版
印　　次　2025 年 4 月第 1 次印刷
印　　刷　德州市嘉俊印刷有限责任公司
出　　版　北方妇女儿童出版社
发　　行　北方妇女儿童出版社
地　　址　长春市福祉大路 5788 号
电　　话　总编办：0431-81629600
　　　　　发行科：0431-81629633
定　　价　29.80 元

它们都是谁

蚁族

黛绮丝将军

蚁族的最高统帅，带领蚁族对抗敌人。

雪莉军师

蚁族重要的智囊，多次利用智慧化解蚁族的危机。

侦察队长露西

侦察队员娜娜

蜘蛛族

圆腹蛛阿诺

性子调皮，喜欢用各种玩笑和难题为难别人。

它们都是谁

白蚁族

白蚁国王

容易冲动，没什么主见。但深爱着白蚁王后，最听王后的话。

白蚁王后

聪明勇敢，临危不乱，是白蚁族的实际领袖。

白蚁肖特

善良，胆小。

行军蚁族

行军蚁大统领乔弗里

行军蚁的首领，说一不二，性格十分强硬，但非常信守承诺。

水鸟族

鸟王拉达

四处游历，性情洒脱豪爽。

目录

运粮事件

秋风起，树叶开始变黄，天气也随之转冷。蚂蚁一族的将军黛绮丝开始筹划过冬的事儿了。

“我记得咱们在东、西、南三个方向各修了一个临时仓库，里面储存了不少麦粒吧？”

“是有这么一回事，我们应该把仓库里的麦粒都搬运回家。”军师雪莉建议冬天需要囤积大量的粮食。

“三个仓库吗？那我们得安排三个运输队前去搬运。”黛绮丝召集士兵，准备编组队伍。

等队伍编组好之后，三个队的队长不约而同地提出了问题。

“报告，我们该往哪里出发呢？”

“分别是东、西、南三个方向。”雪莉说道。

“啊，亲爱的军师，我们平时都是用‘前面’‘后面’‘左手边’‘右手边’‘头顶’‘脚下’来表示方向的。您说的什么东、西、南，我们实在是听不明白。”

“这样啊。”雪莉挠挠头，也难怪，以前只有少数的蚂蚁战士搞得清楚这些方向所代表的意思。看来是时候让大家好好学习一下了，不然在战斗和行军中可能真会遇到大麻烦。

雪莉在墙上画了一张大大的草图。

“大家请看，这就是方位示意图，它包括八个方向——东、西、南、北、东北、东南、西南、西北。其中，东与西相对，南与北相对；东南与西北相对，西南与东北相对。”

“哦！”蚂蚁群中传来一阵恍然大悟的声音。

“你们所说的前后左右并不准确，这只是一个相对的概念。”雪莉请黛绮丝将军站在台上，让它把两只前臂张开。

“现在，将军的左手指着东方，右手指着西方，对吧？”

蚂蚁战士们纷纷点头。这不是一目了然的事吗？

“现在，大家再看！”雪莉把黛绮丝轻轻地转了几圈，“将军的右手现在指着什么方向？”

“啊，好像是……南方？”一只蚂蚁队长疑惑地说道。

“对，而将军的左手则指向北方。”雪莉严肃地说，“想想看，大家随时都在变换自己的位置。那么前后左右也在不停变化，而且每只蚂蚁的左右可能都不一样。如果我们再用‘前后左右’来指示方向，很有可能会引起误会。”

原来如此，运输队长们明白过来，纷纷开始学习方位示意图。

“我想亲自参加运粮任务。”雪莉自告奋勇。

“这……”黛绮丝有些疑惑，“你是公认的智多星，可这种体力活儿明显不适合你。”

“你是觉得我肩不能扛手不能提吗？”雪莉假装生气，黛绮丝只好答应了它的请求。

“好吧，你就加入第三运输队吧，我的好军师。”

这本来是一个十分简单的运输任务。没想到，等到晚上的黛绮丝却等来了一个坏消息。两支运输队的队长鼻青脸肿地赶回来报告：“我们中途遭遇了埋伏，所有的粮食都被抢走了！”

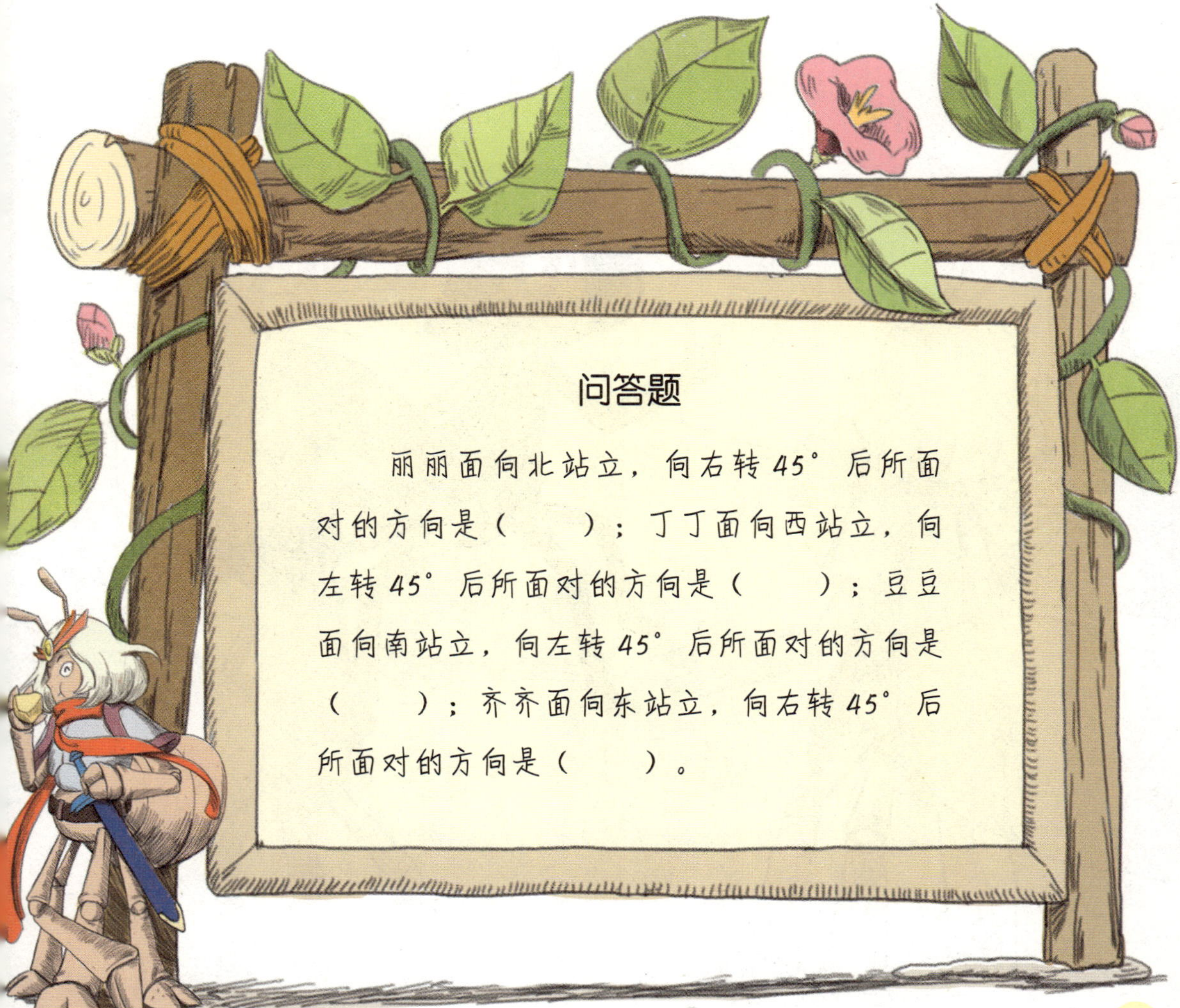

问答题

丽丽面向北站立，向右转45°后所面对的方向是（　　）；丁丁面向西站立，向左转45°后所面对的方向是（　　）；豆豆面向南站立，向左转45°后所面对的方向是（　　）；齐齐面向东站立，向右转45°后所面对的方向是（　　）。

智者失踪了

根据运输队长们的讲述，它们遭遇的敌人个头儿跟自己差不多，长得也有些相似，可细看又十分古怪。这些家伙利用黄昏作为掩护发起攻击，两支运输队都被打了个出其不意，只好丢下粮食逃了回来。

“军师呢？”黛绮丝急得直跺脚。雪莉加入的第三运输队此刻还音信全无，也不知道是不是遭到了同样的袭击。

“不行，我得亲自带队去看看。”黛绮丝实在是放心不下。

黛绮丝刚要动身，又想到了一个重要的问题："既然遭遇了埋伏，说明有不明身份的敌人，要是趁我不在的时候前来偷袭，那就麻烦了。"

"没事，有我们！"两位卫兵队长不约而同地站了出来，"我们发誓守好蚂蚁大营的每个出口。"

"那我就放心了，不过我们还是得好好分配一下防守任务。"黛绮丝数了一下，蚂蚁大营一共有 10 个出口。交给两位卫兵队长防守，每位都需要防守其中的一些出口。那么，有几种防守方案呢？

“这个问题，我能解答。”一名卫兵队长喊道。它找来纸笔，开始一行一行地写下来：

“用列举法，把两名队长分为两列，在每一列下面逐行写下它们的防守数量，且每一行的总和都是10。

“1个，9个。

2个，8个。

3个，7个。

4个，6个。

5个，5个。

6个，4个。

7个，3个。

8个，2个。

9个，1个。”

“所以，一共有9种任务分配方案。”

“你算得很对，不过就是麻烦了一点儿。我的思路比你更简单。”另一名卫兵队长侃侃而谈，“甚至连纸笔都用不到。”

“我不信，你一定是听了我的答案。”第一名卫兵队长不服气地说。

“听好，我的思路是这样的。”另一名卫兵队长往前一步说道，“10个出口分配给两个卫队，每个卫队分得整数个出口。我们可以让第一个卫队先挑。但不管怎么挑，第一个卫队可以分到1个及1个以上，9个及9个以下的出口。而另一个卫队分到剩下的出口，也就是10减第一个卫队先分到的出口。因此有9种分法。”

“你们俩说得都对，看来我可以放心地把防守任务暂时托付给你们了。”黛绮丝满意地说道。心里暗想，这第二名卫队队长看来真是一位数学天才，等找到雪莉，可要告诉它自己的这一重大发现。

增援部队在黛绮丝的带领下出发了。在两个多小时后，它们找到了第三运输队。战士们果然也遭到了袭击，它们横七竖八地倒在地上痛苦地呻吟，但唯独不见雪莉的身影。

“到底发生了什么？”黛绮丝皱起眉头，急切地追问一只看上去伤情不太严重的蚂蚁。

“从来没见过的敌人袭击了我们，然后抓走了军师。”蚂蚁虚弱地说。

“你是说雪莉被带走了？当时它还好吗，没受伤吧？”黛绮丝更加着急了。

“我想应该没有，你们那位叫雪莉的朋友在被带走时，还好端端的。”一个声音从头顶上传来。黛绮丝抬头一看，一只圆腹蛛悠闲地挂在树叶间的网上。

黛绮丝礼貌地向圆腹蛛请教姓名。它“居高临下”，应该亲眼看见了整件事发生的经过。

“我叫阿诺，我看到了一切。”阿诺用一根蛛丝吊着自己垂到黛绮丝面前，“袭击你们的，是一群白蚁。”

“白蚁？”黛绮丝从没听说过这种生物，它不由得张开了嘴巴。

“是的，它们不是红森林的老住客。我想，它们应该是今年夏天时从很远的地方迁徙来的。”

阿诺告诉黛绮丝，白蚁家族会到处飞行，落地后繁衍后代，不断扩张自己的势力。现在，它们在红森林的力量应该已经发展壮大了。

“可……它们为什么要袭击我们，带走雪莉呢？”黛绮丝还是不明白。

“这有什么不明白的？当然是为了争夺地盘和食物，也许你们的朋友已经变成它们的大餐了。”阿诺撇撇嘴说道。

“天哪，我得赶紧把雪莉救出来。它们什么时候走的？”黛绮丝更着急了。

“呵呵，我喜欢聊关于时间的话题。”阿诺来了精神，“大概是很多分钟前吧。但你们得猜一猜，猜不出来我就没办法了。”

“你就不能直接告诉我们吗？”黛绮丝又好气又好笑。

“我特别喜欢给别人出难题。听着，别废话了，否则你们的同伴只会离你们越来越远。”阿诺又撇撇嘴。

“好吧，你说。”黛绮丝无可奈何。

“它们离开的时间刚好是一个整十数。如果从450里减去这个整十数，得到的差再除以这个整十数。商是8，这个整十数是多少？”

“又要减，又要除，这太麻烦了。”娜娜苦着脸说道。

“没什么难的，我们可以从结果开始，倒推回去。”黛绮丝想起了雪莉曾经说过的话。

“首先，既然差 ÷ 整十数 =8，那么 8× 整十数 = 差。”

“然后，我们知道 450− 整十数 = 差，又可以推出：差 + 整十数 =450。”

“接下来，我们可以用 8× 整十数来替换掉差，算式可以写作：8× 整十数 + 整十数 =450，也就是 9× 整十数 =450。整十数 =450 ÷ 9=50（分）。”

黛绮丝一步一步地算道。阿诺连连点头：“不错，是这样，你真是一只头脑清晰的蚂蚁。”

“哈，原来这么简单！”娜娜来了精神，“它们已经离开了 50 分钟，我们得赶紧追上去，不然军师就危险了。”

那一头，黛绮丝为雪莉的安危担心得要命，这一头，雪莉正迷迷糊糊地做梦呢。它梦到自己坐在一条船上，波浪摇晃着船，一开始很轻柔，后来越来越猛烈。忽然一个大浪打来，船翻了，雪莉也摔到了礁石上。

“哎哟！”雪莉轻哼一声，却发现自己原来不是坐在船上，而是被一群长相奇怪的昆虫抬着前进。它们边抬还边争论着什么。

雪莉竖起耳朵，仔细听起它们的对话。

“应该有 1 个大仓库，4 个小仓库。”

“不，我明明记得 5 个全是大仓库。”

“胡说，大仓库有 2 个，小仓库有 3 个。”

争吵声越来越激烈，最后它们干脆停下脚步，继续争吵。

雪莉终于忍不住了，它睁开眼睛喊道：“你们到底要怎么分？不如让我来想想办法！”

4 只抬着它的白蚁被吓得不约而同地松开了手，雪莉摔到了地上，疼得它再一次喊出声来。

“你个俘虏神气什么？”一只白蚁气呼呼地盯着雪莉。

“呵呵，我也不想啊。你们分的还是从我们这里抢来的粮食呢，不过我最受不了别人解不出难题了。说说看，什么问题让你们吵成这样？”雪莉淡定地问道。

“既然如此，就让你试试看。听好了，是这样的！”白蚁告诉雪莉，出发前，它们的指挥官命令它们回去后将抢来的物资分成9份，储藏到5个仓库中。每个大仓库储藏3份，每个小仓库储藏1份。但它们忘记了在5个仓库中，到底有几个大仓库，有几个小仓库。

“哈哈，我还以为是什么事儿。你们回到营地不就知道了吗，何必在这里争吵？”雪莉觉得它们真是小题大做。

“这可不行，我们都是急性子，想到了就一定要分一个胜负，没法儿等到回去再说。”白蚁们又开始争吵起来。

“别争了，我可以告诉你们正确答案。”雪莉实在看不下去了。

“你？”白蚁们纷纷向雪莉投去疑惑的目光，“你又没有去过我们那里，怎么可能知道有几个大仓库几个小仓库？”

“已知条件对我来说已经够多了。”雪莉胸有成竹，“首先，我们可以假设全部都是大仓库，每个大仓库藏 3 份物资，那就该有 3×5=15（份）物资，比实际多出 15−9=6（份）。但物资总量只有那么多。那我们就需要以小换大，用一个小仓库换掉一个大仓库。而一个小仓库比一个大仓库少储存 3−1=2（份），所以，小仓库应该是 6÷2=3（个）。大仓库是 5−3=2（个）。”

白蚁们恍然大悟，都一脸崇拜地看着雪莉：“乖乖，这只蚂蚁懂得真多，一定要把它带回去，面见我们大王和王后。”

“大王和王后？它们是谁呀？”雪莉刚问出口，就被白蚁们一把抓起来，扔上担架继续出发了。

白蚁之城

愤怒的白蚁们决定把雪莉押回巢穴再处置，不管雪莉怎么解释都没有用。它被白蚁抬起来，穿过一片又一片的草丛和落叶，直到看到一座高大的城堡。

“啊，红森林里竟然还有这样的地方！”雪莉一边感叹，一边观察。它敏锐地发现在城堡的最右边，有一个坍塌下来的巨大尖顶，看上去和周围的建筑格格不入。

“要是没有倒塌，该有多么壮观哪。”雪莉啧啧称奇。但它还没来得及继续细看，就被白蚁押进了一条长长的走廊。

“报告大王和王后，我们凯旋了。”为首的白蚁战士向上方深鞠一躬。

一只身形臃肿的白蚁高高在上，不满地说：“你们怎么带了外族回来？”

“报告国王陛下，这是我们的俘虏。”白蚁战士详细地讲述了它们抓到雪莉的经过。

“我们对俘虏不感兴趣，现在有更糟糕的事需要去解决。”白蚁国王不耐烦地摆摆手，示意白蚁战士别再讲了。随即它转头看向白蚁王后：“亲爱的，云端之塔已经是第三次坍塌了，看来，我们不得不放弃这个工程。”

“不行，‘云端之塔’是白蚁族的荣耀，它一旦建成，所有的昆虫都将佩服得五体投地。不管尝试多少次，我们一定要继续。”白蚁王后坚定地说。

“云端之塔？”雪莉来了精神，难道就是刚才看到的那座坍塌的建筑物？也许，这是一个摆脱困境的好办法。它清清嗓子，大声说：“尊敬的国王和王后陛下，也许我能解决你们的烦恼。”

“你能有什么办法？”白蚁国王表示反对。但白蚁王后却很感兴趣：“外来的蚂蚁办法多，不如让它试试吧。”

白蚁们把雪莉带到坍塌的高塔前。白蚁建筑师介绍道：

“根据祖先留下来的设计图纸，塔身可以承载相当大的重量，但做到这一点的关键是使用合适的原料来调配建塔用的泥砖。”

“既然有图纸，那还有什么问题呢？”雪莉大惑不解。

“唉，就因为这个，祖先留下来的图纸没说明白。”白蚁建筑师摇摇头，“你看，这里说，塔基要使用灰泥和红泥两种材料，每块砖需要加的灰泥分量是红泥的 3 倍，而红泥比灰泥少 12 份。可我就是算不明白红泥和灰泥各需要多少份。”

“也许这个问题我可以帮忙解决呢。”雪莉说道。但立刻遭到了白蚁建筑师的抢白：“一边儿去，你一个俘虏，哪里有资格插嘴？”

“我看，让它试试也不要紧。”白蚁王后发话了。白蚁建筑师看看王后，恭敬地退到一边，不敢再多嘴。

问答题

养鸡场的母鸡只数是公鸡的6倍，后来公鸡和母鸡各增加60只，现在母鸡只数就是公鸡的4倍。原来养鸡场一共养了多少只鸡?

“这其实是一个差倍问题。灰泥的分量是红泥的3倍，也就是说灰泥 ÷3= 红泥。说明灰泥比红泥多2倍，反过来，就是红泥比灰泥少2倍。而图纸上已经说得很清楚了，红泥比灰泥少12份。那么，红泥的实际份数就是12÷2=6（份）。而灰泥是6×3=18（份）。”雪莉冷静地说。

问题解决了，白蚁国王和王后不由得向雪莉投去了赞许的目光。

白蚁的复仇

白蚁国王和王后客气地请雪莉在宝座旁坐下。白蚁国王夸奖道：“没想到蚂蚁里竟然还有如此聪明的战士。”

“您过奖了，国王陛下。”雪莉行了个礼，“不过我也想请教您，我们蚂蚁一族和白蚁向来没有什么仇怨，为什么您会派兵袭击我们的运输队呢？”

“这你就错了，我们和蚂蚁可以说有不共戴天之仇。”白蚁王后变得激动起来，“蚂蚁们野蛮、残忍，所到之处寸草不生。我姐姐的王国就是毁在那些蚂蚁手里的。”

“这也许是个误会。”雪莉解释道，“而且，我所在的蚂蚁一族应该从来没有攻击过白蚁，包括您姐姐的王国。”

“那可不一定。”白蚁国王说，“我们就是为了躲避那些蚂蚁的侵略才逃避到这里来的，没想到在这里又遇到了你们。因此我们决定先发制人，把你们赶出红森林。如果你们不愿意离开，那就只好兵戎相见了。”

“让我们坐下来谈谈吧，红森林大到足够让所有的动物都在这里和睦相处。我发誓，我们绝对不会做出什么敌对行为。”

雪莉还想多说几句，但白蚁国王命令它闭嘴。

“你是一只聪明的蚂蚁，帮了我们大忙。因此我决定不把你视为敌人，而是作为朋友和客人。但如果你不愿意加入我们，那可就别怪我们不客气了。”

就在这时，一只白蚁匆匆走了上来，对国王深鞠一躬：

“我们做了三次实验。第一次，导火线烧完总共用了 0.7 小时。第二次，导火线烧完用了 0.6 小时。第三次，导火线烧完用了 0.8 小时。”

白蚁王后皱起眉头：“导火线的长度都一样，为什么燃烧时间总是不同？”

“这可能是因为导火线含有杂质，影响了燃烧。”雪莉又忍不住插嘴道，“不过，如果我们能计算出每次燃烧所用的平均时间，还是可以做到大概有数的。”

“平均时间怎么计算？”白蚁国王问道。

“我们可以先把三次燃烧的时间加在一起，也就是 0.7 + 0.6 + 0.8=2.1（小时）。然后 2.1÷3=0.7（小时）。这个 0.7 小时就是平均时间。”

“一小时有60分钟。0.7小时，就是60×0.7=42（分钟），这个数字表示大多数导火线都需要42分钟的燃烧时间。当然，如果我们做更多的实验，就能根据实验数据得出更准确的平均数。”雪莉想了想，又问道，“你们用导火线准备做什么？”

“这个嘛……”白蚁国王支支吾吾地回答，“跟你无关。来人哪，把我们的客人带下去休息一下！”

两只白蚁过来押走了雪莉。就在那一瞬间，雪莉突然醒悟过来，这导火索一定是白蚁们用来对付自己族人的武器。

误入陷阱

就在雪莉被白蚁关押起来的同时，黛绮丝正带领蚁族战士们苦苦寻找着它的踪影。

根据蜘蛛阿诺的指示，黛绮丝沿着白蚁们离开的道路一路前进，终于在泥地上发现了线索。

“这里有白蚁们留下的脚印，看上去还不少。”娜娜用自己的触角丈量着脚印说道。

“希望它们没有伤害军师。”黛绮丝担心极了。

“它们抢走了我们的粮食，带着这么沉重的战利品可走不快，我们一定能追上它们。”侦察队长露西十分乐观。

问答题

小米参加歌唱比赛，7个评委的打分分别为87分、94分、78分、90分、92分、91分、99分。如果去掉一个最高分和一个最低分后，请计算平均分是多少？

“说得对，我还发现了它们漏出来的粮食。”借着月光，黛绮丝在草丛深处找到了一颗圆滚滚的麦粒。麦粒为它们指示出白蚁们离开的方向，沿着这些蛛丝马迹，战士们一直追踪到树林中。

“好像有些不对劲。”黛绮丝摇摇自己的触角，疑惑地说道。

“笨蛋蚂蚁们，你们中了我们的陷阱！”

密密麻麻的白蚁从土壤下钻出来，将蚁族战士团团围住。

“糟糕，中计了！”黛绮丝打倒了一个扑上来的白蚁士兵，更多的白蚁又围了上来。

蚁族战士在黛绮丝的带领下和白蚁们陷入了苦战。这些家伙看起来和蚂蚁有几分相像，但力气却要大得多，打斗起来更为凶狠。靠着娴熟的武艺，黛绮丝打退了白蚁们的第一波攻击。但白蚁们并没有逃走，而是退到较远的地方，继续将蚁族战士们团团围住。

“目前敌我态势如何？”黛绮丝大喊。

娜娜敏捷地爬到树上：“让我看看。”它很快就给出了汇报：

“天哪，密密麻麻的白蚁包围了我们，要突破包围圈，恐怕要有一场恶战！”

“大多数战士的兵器都在激战中损坏了，没法儿再战斗。”有蚂蚁士兵苦着脸说。

“大家把完好无损的兵器凑一下吧。”黛绮丝无奈地说。

经过一番清点，总共凑出来 110 件还能勉强使用的兵器，包括长矛、弓箭和盾牌。由娜娜负责发放。娜娜给每只蚂蚁发放一支长矛，两只蚂蚁共用一把弓箭，三只蚂蚁共用一面盾牌。巧的是，110 件兵器刚好全部发完。

“我们还剩多少兵力？”黛绮丝突然问道。

“呀，只顾着清点和发放兵器，竟然忘了点数。那我再统计一遍吧。”娜娜不好意思地说。

“噢，不用了，刚好可以用雪莉教给我的办法解决。每只蚂蚁发放一支长矛，两只蚂蚁共用一把弓箭，三只蚂蚁共用一面盾牌。那么，我们得先求出 1、2、3 这三个数的最小公倍数，也就是 6。它意味着 6 只蚂蚁需要使用 6 支长矛，3 把弓箭和 2 面盾牌，也就是 11 件兵器。110 ÷ 11=10。10 × 6=60（只），我们还剩 60 只蚂蚁。”

看上去，蚂蚁剩余的兵力远远不够跟对方硬拼。黛绮丝怎么才能突破面前强敌的包围呢？

问答题

一堆苹果，3 个一组多 2 个，4 个一组多 3 个，5 个一组多 4 个，求这堆苹果至少有几个？

马勃烟幕弹

面对白蚁士兵的重重包围，黛绮丝苦思冥想脱身之计，它必须要在敌人再次组织进攻前找到办法。

“将军，我们掩护你冲出重围，赶紧去寻找军师！”蚂蚁战士们喊道。

“不行，我不能丢下你们不管！”黛绮丝不愿意丢下自己的战友们。

“等等，看我发现了什么？”露西眼前一亮，指着地上一个白色的圆球喊道。

“这不是马勃菌吗？都什么时候了，你还想着吃蘑菇呀！”娜娜生气地撇嘴。

黛绮丝瞬间明白了露西的意思。马勃菌是一种神奇的蘑菇，当它炸裂开来时，白色的孢子会像烟幕弹一样四处飘散。

“快，多采一些马勃菌，我们可以用来当烟幕弹！”

蚂蚁战士们分为三组，赶紧采集起这种神奇的白蘑菇来。不一会儿，它们就抱着马勃菌集合到黛绮丝面前。

“报告，我们一组采集了 26 个马勃菌！”

“我们二组采集了 18 个马勃菌！”

“嗯，我们三组采集的马勃菌数量是一组和二组总和的 2 倍少 54 个。”三组的蚂蚁战士们卖了个关子。

“都什么时候了，你们还开玩笑。”露西有些不高兴。

“我们……只是想缓和一下紧张的气氛。实际上，我们采集了……”

“你们采集了 34 个马勃菌。”黛绮丝说道。大家都惊讶地看着它：“将军，您这么快就算出来了？”

“一二组总和的 2 倍，就是 26+18，然后乘以 2。还少 54 个，需要用结果再减去 54。这道题不难，难的是用括号来决定运算的先后顺序：（26+18）×2−54=34。”黛绮丝刚要继续说，却发现白蚁们再次发动了进攻。

“好，就用我们的马勃菌烟幕弹狠狠地还击它们！”

“嘭，嘭嘭！”一个又一个马勃菌砸向地面，白色的烟雾弥漫开来，一时弄得白蚁们不知所措，黛绮丝趁乱带着战士们突围而出。

不过，这些白蚁实在太难缠了。它们慌乱了一阵后，又重新整理好队伍，在后面紧追不舍。蚂蚁们且战且退，许多战士都受了伤。黛绮丝正想掉头组织抵抗，不料一脚踩空，从山崖上掉了下去。

“将军！”露西、娜娜和其他几名战士看到黛绮丝遇到危险，想都没想就跟着跳了下去。其他蚂蚁拼死挡住白蚁们的进攻，用身体筑成一道防线。

黛绮丝摔到山下，发现面前竟然出现了一个长方形的洞口。它眼前一亮。

“也许我们可以利用这个洞口逃走。”

“好是好，可是敌人很快也会发现这个洞口并追上来的。”娜娜担心地说道。

黛绮丝朝四周看了看，发现了一块长方形的木板，似乎比洞口略大一些，也许可以用它来把洞口挡住。

“上面的战士们为我们争取到了宝贵的时间，再拖下去只会全军覆没，我们只有先从这里逃出去才能找到军师，救出大家。”黛绮丝做出了一个痛苦的决定，它带着露西、娜娜等少数几名战士进入洞中，然后封住了洞口。

问答题

学校舞蹈小组有女生12人，男生4人。数学小组的人数是舞蹈小组的2倍，美术小组有96人。美术小组的人数是数学小组的几倍？

被关起来的雪莉急得在狭窄的牢房里来回转圈圈。它想起了一句老话：急得像热锅上的蚂蚁。现在自己不就是那只蚂蚁吗？想到这里，雪莉不由得苦笑了一下。它既担心自己的命运，又好奇白蚁国王和王后口中那神秘的导火索到底是做什么用的。

突然，门口有了动静。紧接着吱呀一声，门打开了一条缝。探进了一只白蚁的脑袋，它举起一只手，朝雪莉做了个“嘘”的手势。

“趁现在没有守卫，你赶紧走吧。”白蚁小声说。

“可……可你为什么救我？”雪莉大惑不解。

“我叫肖特。其实，我不觉得你们蚂蚁是坏蛋。”

肖特告诉雪莉，在来到红森林之后，它在外出觅食时不小心掉队了。迷路的它掉进了沼泽里，是一队过路的蚂蚁救了它。

“我不相信那个有关你们蚂蚁的传说是真的。但……总之，你先逃走吧。”肖特紧张地看了看四周，顾不上再多说什么，赶紧躲进了拐角里。

“喂，至少你告诉我该怎么出去呀！”雪莉追问道。可是胆小的肖特已经不见了。

无奈的雪莉只好在白蚁的地下宫殿里摸索着前行，好在这里的构造跟蚂蚁们的家有几分相似。它一路上躲开了一队队的巡逻兵蚁，绕过了产房、储藏室，一直来到一间宽大的房间外。

“咦，这里是什么地方？好像是兵器室。”

好奇心驱使着雪莉走了进去。果然，这里满满陈列着兵器，有用独角仙的角做成的攻城锤，有用螳螂锯齿做成的大刀，还有用甲虫翅膀做成的盾牌，真是杀气腾腾。

雪莉知道自己走错了地方，它正想赶紧退出去，却意外地发现兵器室的大门已经紧紧地关上了。

“啊，怎么会这样？”雪莉使劲推门，大门却纹丝不动。正当它一筹莫展之际，门后突然传来了响动，雪莉赶紧躲到盾牌后面。原来是白蚁国王和王后走了进来。

“亲爱的，刚才得到巡逻部队的报告，它们遇到了蚁族派来的援军，并发生了一场激战。绝大部分蚂蚁被俘，少数蚂蚁在逃。”白蚁王后说道。

“很好，另外，我们的火药生产进行得怎么样了？”

白蚁王后警惕地看了看周围，小声说道：“工程师们正一边配置火药，一边装桶。目前已经装了……桶，每桶可以装火药……克。”

它的声音实在太小了，桶数和每桶的火药数实在听不清。不过雪莉从白蚁王后的口型可以判断，这两个数字应该都是两位数。雪莉好奇地心算起来：

“火药的总重量应该是每桶火药的重量乘以桶的数量。可两个数都是未知数，只能估计它的最大值和最小值。最小的两位数是10，最大的两位数是99。那么，乘积的最小值为 $10\times10=100$（克），最大值为 $99\times99=9801$（克）。天哪，它们弄这么多火药干什么呢？”

雪莉的心中产生了疑问。

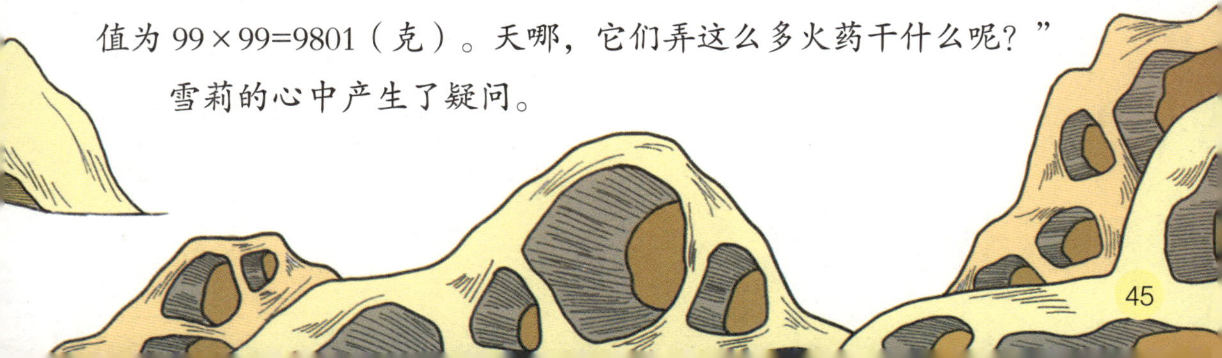

火药被盗

正当雪莉百思不得其解之时，白蚁国王说话了。

“不用再去管那些逃走的蚂蚁了。等火药生产完毕，我们就可以用它来火攻蚂蚁们的大营。”

正在偷听的雪莉惊讶得差点儿喊出声来。原来导火索是干这个用的呀，它必须尽快把这个情报告诉黛绮丝它们。

正当雪莉苦恼该找什么办法离开这里时，从兵器库外面传来了一只白蚁的声音：“报告大王，出事了，火药库被盗了！”

“什么情况？”白蚁国王大惊失色。

"刚才看守火药库的士兵发现，有一部分火药不翼而飞！"白蚁着急地在外面敲着门，"被盗的火药数量还不少呢！"

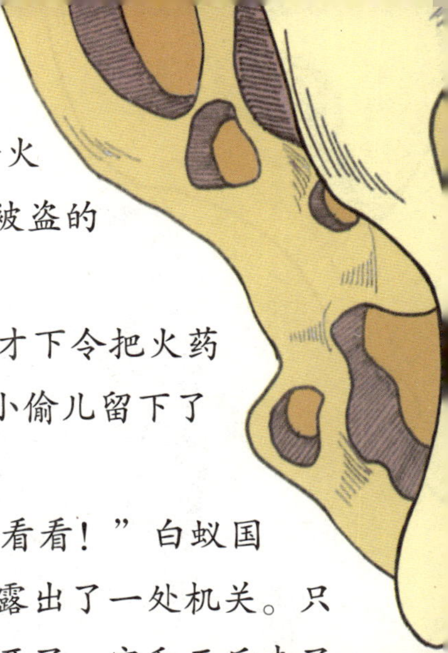

"糟糕，当时为了防止火药意外燃烧，我才下令把火药库放在白蚁城堡外面以确保安全。可这倒是给小偷儿留下了可乘之机，会是谁干的呢？"白蚁王后思索道。

"还能是谁，肯定是那些蚂蚁呗。走，去看看！"白蚁国王气急败坏地说道。它推开靠墙的盾牌，立刻露出了一处机关。只见白蚁国王在机关前摆弄了几下，兵器室的门开了，它和王后走了出去，大门又立刻随之关闭。

“原来开门的机关藏在这里呀。”雪莉从藏身处钻出来，找到机关，才发现这里有一行字：

“移动一根木棒，使等式成立，才能打开大门，否则就会触发警报。”

“27+1=2，该怎么移动才能让这个等式成立呢？”雪莉冥思苦想。27 这个数字实在是太大了，把它变小应该是解开谜团的关键。可是只能移动一根木棒，这也太难了。

移动一根木棒使等式成立

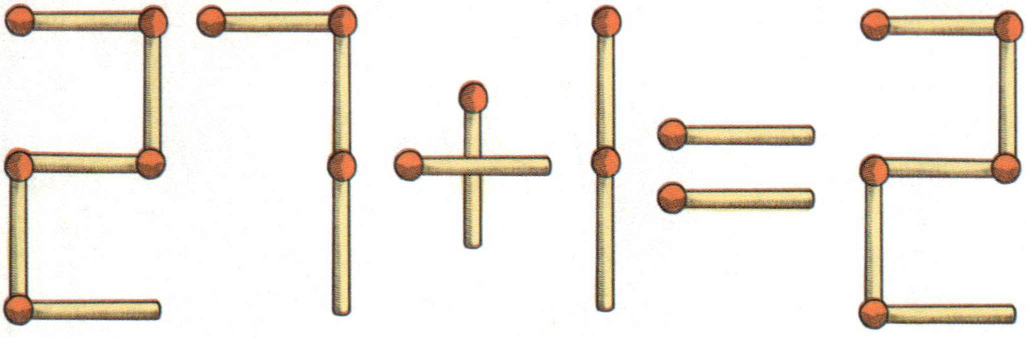

“有了！”雪莉灵机一动。不用只在数字上做文章，也可以考虑改变运算符号哇。它把“7”上的一横拿了下来，放到原本“7”的前面。这下，“27+1=2”变成了“2−1+1=2”，等式成立了。

“哗啦啦。”兵器室的大门打开了。雪莉总算松了口气，它有一肚子的疑问。难道火药真的是黛绮丝它们偷走的吗？不过，当务之急是溜出去。雪莉看见身边的盔甲，灵机一动，赶紧把盔甲套在身上，从头到脚都遮了个严严实实。这下可没有白蚁能发现它了。

雪莉跟在一队白蚁卫兵的后面偷偷溜出了城堡，一路上，许多白蚁还把雪莉当作高级军官，纷纷敬礼呢。

“天哪，这是哪里呀？”好不容易逃出来的雪莉却迷了路。它脱下盔甲，胡乱走了不知道多久，突然发现路边的土壤松动起来，紧接着，黛绮丝、露西和娜娜等蚂蚁爬了出来。

“天哪，竟然是你！”娜娜喊道。雪莉和黛绮丝都激动得说不出话来，它俩紧紧拥抱在一起。

“幸好我们找到了一个鼹鼠洞才得以冲出重围，你呢，你怎么样？”黛绮丝问道。

雪莉把在白蚁城堡所听到的全告诉了黛绮丝。黛绮丝摇摇头：“火药不是我们偷的。不过，看来白蚁打算用火药对付我们。得早做准备，还得设法救出被俘的同伴们！”

智力题

移动一根数学棒使等式成立。

$3+9=115$

以德报怨

黛绮丝和雪莉正在思考怎么才能把被俘的同伴们救出来，旁边的娜娜却做了个“嘘”的手势。原来，远处的草丛里走过来了两只模样跟它们不太一样的蚂蚁。

“哼哼，作为先遣部队，我们这回可算为行军蚁帝国立下大功了。”一只蚂蚁说道。

“导火索已经点燃，再过一会儿，整座白蚁城堡就会被埋下的火药炸得一干二净。”另一只蚂蚁说道。

“这些笨蛋白蚁，到死都不知道是我们偷了它们的宝贝火药。对了，你没有弄错导火索的燃烧时间吧？”

“怎么会弄错呢？看太阳的影子，现在是正午 12 点。导火索每分钟燃烧 11 米，我们是在 2 分钟前点燃的导火索。现在赶紧走吧！”

说完，两只行军蚁匆匆地离开了。

“原来小偷儿是它们！”雪莉恍然大悟。可这些行军蚁又是从哪里冒出来的呢？它们为什么要攻击白蚁的城堡呢？

“我们还是快走吧，得赶紧在那些白蚁把同伴们押回城堡前救出它们，不然就糟糕了。”露西催促道。

“不行，我们得赶紧找到导火索并阻止爆炸，否则白蚁就全完蛋了。”雪莉说。

“军师，你是不是被关傻了？为什么要救我们的敌人？”露西大惑不解。

“我逃出来时经过它们的产房，里面有许多刚出生的小白蚁，我可不忍心看见它们丢掉性命。”雪莉说。

“雪莉说得对，我宁可在战场上堂堂正正地打败它们。”黛绮丝说。

“好吧，不过我们还来得及熄灭导火索吗？”露西问道。

“我们的奔跑速度是每分钟 13 米，而导火索是在 2 分钟前点燃的，这是一个典型的追及问题。我们奔跑的速度比导火索燃烧速度快，那追上它只是个时间问题。追及路程 ÷ 追及时间 = 速度差，所以追及时间 = 追及路程 ÷ 速度差。”雪莉解释道。

“速度差嘛，是 13−11=2（米 / 分），追及路程呢？”露西问道。

“导火索已经燃烧了 2 分钟，每分钟 11 米，就是 11×2=22（米）。所以，追及时间 =22÷（13−11）=11（分），我们要花 11 分钟才能追上导火索。”雪莉说道。

“导火索一定是朝向白蚁城堡的方向。”娜娜说。大家赶紧朝白蚁城堡跑去。

果然，娜娜在白蚁城堡附近的草丛里发现了一条正在燃烧的导火索，这条导火索一直通往地下。

“快，快熄掉它！”

黛绮丝冲上前去，一脚踩灭了导火索。

“天哪，太危险了！”雪莉刚想擦掉额上渗出的汗珠，背后传来一声大喊：“快逮捕它们！”

大家回头一看，发现它们已经被全副武装的白蚁团团包围了，而领头的正是白蚁国王。

真相大白

白蚁国王愤怒地说：“想不到是你们偷走了火药，而且还想炸死我们！这下你们插翅难逃了！”

“看起来是这样。”露西无奈地耸耸肩。对方人多势众，就凭它们 6 只蚂蚁，绝对冲不出重围。

“请听我们解释。”雪莉把整件事的经过原原本本地讲述了一遍。

“你以为我会相信这种无稽之谈吗？”白蚁国王更愤怒了。它刚要下令，白蚁王后来到它身后并阻止了它。

“先等一等，我觉得它们说的不像是假话。想想看，如果是它们点燃的导火线，那为什么还要冒着同归于尽的风险回到这里呢？”

“听上去好像确实有点儿道理，不过它们的嫌疑还是不能排除。”白蚁国王依然心有疑虑。它刚想说话，又一只传令白蚁跑了过来。

“报告，在东边的山头上，隐隐约约发现了一支由蚂蚁组成的大军，正朝我们的方向袭来。而且，它们长得和曾袭击我们的蚂蚁一模一样。”

“听见没，这一定是它们的增援部队。”白蚁国王指着黛绮丝说道。

“除了我，蚁族还没谁能够指挥这样一支大军，并且我们也从来没袭击过白蚁。倒是你们无缘无故地攻击了我们。”黛绮丝说道，“不如我们一起去看一看，这其中一定有什么误会。”

“看就看，谅你们也跑不了！”白蚁国王命令士兵押上黛绮丝它们，向出现敌情的方向前进。等大家登上山头，果然看见前方出现了一片密密麻麻的蚂蚁大军。

“这不是我们的战士。”黛绮丝一眼就辨认出来，“它们的体形要大一些，颜色更黄。跟刚才我们遇到的那两只埋火药的蚂蚁一模一样，它们自称行军蚁。”

“到底有多少敌人？”白蚁国王紧张起来。

这时行军蚁浩浩荡荡地从山下通过。露西观察了一会儿，很有把握地说：

“对方的队形有着某种规律。排在最前面的，只有一名士兵。它后面一段距离，有两名士兵紧紧相邻。但在它们后面，又是由 3 名士兵组成的一支小队。紧接着，是 4 人队、5 人队、6 人队……”

等到最后一支小队从大家面前通过，露西数出了这支小队的数量——共 100 只行军蚁。

“也就是说，行军蚁是按照 1、2、3……100 的规律编队的。”白蚁王后总结出了敌人的编队规律。

“它们的总数是多少呢？要计算起来应该很简单。”露西开始计算起来，“1+2+3+4+……天哪，看上去简单，算起来可真麻烦！这样挨着加要加到什么时候？”

“确实很难算，每队都比前一队多 1 名士兵，明显是有规律的。只要有规律……”白蚁王后惊喜地叫起来，“如果把第一队和最后一队士兵相加，是 101，而第二队加上倒数第二队，也就是 2+99，也是 101。像这样首尾相加，都能等于 101。”

“真的，一共有多少个 101 呢？”露西问道。

“一共有 100 队人马。每两队凑出一个 101，那就是 100÷2=50，也就是有 50 个 101。所以，敌人的总数是 101×50=5050（名）。”

白蚁国王感叹道：“真是一支大军。”

“不！”白蚁王后冷静地说，“也许后面还有更多的行军蚁。”

“王后真是聪明。”雪莉拍手说道，“这是一个典型的等差数列。所谓等差数列，就是每一项和它前一项的差都相等。它有一个简单的公式：总和 =（首项 + 末项）× 项数 ÷2。想不到你竟然能发现这一规律！”

“你过奖了，不过我们得赶紧回到白蚁城堡，准备迎战行军蚁的大军。”白蚁王后说道。

迎头痛击

意外的是，行军蚁大军并没有直接攻击白蚁城堡，而是冲进了路边的一片森林。

“走，我们跟过去看看。”黛绮丝提议，大家一起悄悄尾随行军蚁跟了过去。这一看不要紧，眼前的景象让白蚁和蚂蚁们都触目惊心。行军蚁就像潮水一样洗劫着森林深处。它们井然有序地分成了无数个战斗小队，用强壮的大颚将一切拦在面前的障碍物撕得粉碎。惊慌失措的甲虫和爬虫从地底下钻出来，向四面八方逃窜。就连住在草丛里的蜘蛛们也避之不及。很快，就连鼹鼠等小动物也仓皇逃窜，因为只要稍微慢上一步就可能变成行军蚁的美餐。

“天哪，它们什么都吃！”娜娜捂着嘴感叹道。从行军蚁留下的踪迹看，它们还咬断了许多植物的嫩茎，甚至钻到地下，将植物的根都咬成两截。过不了多久，这些植物就会枯萎而死。

“这简直是一场灾难，我们不能袖手旁观。”雪莉说。如果任由行军蚁在红森林中肆虐，那么灾难早晚会降临到生活在这里的每一只动物头上。

“说说看，你能怎么办？”白蚁国王嘲讽地说道，“看得出来，这些家伙比我们的军队强太多了。”

突然，在它们的背后响起了军号声，这让白蚁国王紧张起来。

“这是我们的军号声！”露西高兴地说。

“好哇，你竟敢背后偷袭我们！”白蚁国王生气地拔出宝剑指向黛绮丝。

“别冲动，我的战士们只是担心我的安全而已。”黛绮丝平静地说道。它的镇定让白蚁国王将信将疑，收回了宝剑。果然，不一会儿，步兵蚁队长尤妮娜带着一大队蚂蚁出现在大家面前。

“你们怎么样了，还好吧？”尤妮娜激动地抱着黛绮丝和雪莉，又警惕地看着白蚁国王和王后。

黛绮丝把事情经过详细讲了一遍，然后问尤妮娜：“我们需要对行军蚁发起一场迎头痛击。你带来了多少人马？”

“只有少数卫队，要发起一场大战的话，还得调集更多的战士前来。”尤妮娜说。

“可我们不知道从白蚁城堡到蚂蚁营地到底有多远，这样就没办法计算大部队出动增援需要多长时间才能赶到这里。”雪莉为难地说。

“对呀，这很关键。”黛绮丝身为指挥官，必须要根据增援可能到来的时间决定是死守白蚁城堡，还是放弃这里。

“也许我们可以提供一些线索。”有两只白蚁大声说。

“你们能提供什么线索？”黛绮丝纳闷儿了。

“我们曾经被派出去侦察你们的蚂蚁营地，当时我俩是同时从白蚁城出发的。”个头儿稍大的白蚁说道，“我每分钟能走 5 米，小个子白蚁每分钟能走 6 米。所以它走着走着就走到了我的前面。”

“对。我一到蚂蚁营地后就立即返回，从我俩出发到再次相遇，一共用了 100 分钟。”小个子白蚁说道。

“明白了，你们提供的信息足够让我算出两地的距离。”雪莉胸有成竹，“你俩虽然一个快，一个慢，一个走得远，一个走得近。但两只白蚁合计走的距离相当于两地距离的 2 倍。速度和 × 时间 ÷ 2= 实际距离。所以（5+6）×100÷2=550（米）。”

“哦，距离不算太远。虽然我们现在的兵力比它们少，但是如果不冒险给它们来个迎头痛击的话，行军蚁一定会更加猖狂。所以，这一战，就算你们白蚁不参加，我们蚂蚁也要上。实在不行，我们还可以后撤回蚂蚁大营嘛。”黛绮丝坚定地说。

黛绮丝下决心要灭掉行军蚁的锐气，很快，它头脑中就形成了一个完美的作战计划。

“阿丽，你带领一支蚂蚁小队，每只蚂蚁都要携带一片羽毛或树枝，尽量在地上扬起灰尘。”

“罗丽尔，你带领一支蚂蚁小队，占领对面的山头，每只蚂蚁都要携带尽可能多的旗帜。”

“露西、娜娜、雪莉，你们各带一支蚂蚁小队，从左右包抄！”

“尤妮娜，你和我带领主力，向行军蚁的后方冲击。”

黛绮丝刚部署完，白蚁国王又冷笑起来：

“呵呵，就这么一点儿兵力，还东分西分的，对不起，我可不想陪你们送死。”它刚要带队离开，却被白蚁王后拦住了。

“亲爱的，我们先在高处看看也不迟。”

战斗开始了，黛绮丝一马当先冲入敌军尾部。得意扬扬的行军蚁没料到竟然还有蚂蚁敢主动攻击它们，一时陷入慌乱。但很快它们就稳住了阵脚，气势汹汹地向黛绮丝等蚂蚁冲杀过来。

突然，山上响起了嘹亮的号角声，蚂蚁部落的旗帜到处飘扬，这让行军蚁的指挥官大吃一惊。接着，它又看到远处扬起了烟尘，并且还在向两边蔓延开去。这可是行军蚁包围敌人的惯用招数。

“不好，我们中计了！”行军蚁指挥官发现面前这些对手虽然个头儿较小，作战却英勇顽强，要是再被它们四面包围，可不是开玩笑。于是它当机立断，下令部队且战且退，不一会儿就消失在黛绮丝的面前。

“天哪，真不敢相信，你们竟然能以少胜多！”白蚁国王从山上下来，对黛绮丝佩服得五体投地。

“多亏了我的勇士们。”黛绮丝指指被大家簇拥着的四名蚂蚁战士，“大家都说它们四位在战场上最为英勇，打倒的敌人最多。可它们实在太谦虚了，都不肯说明自己的详细杀敌数字，以致无法给它们排个高下。”

“真的吗？”雪莉问道。

“对，只知道蚁丁的名次不是最高，但它比蚁乙和蚁丙都高，而且蚁丙的名次也不比蚁乙高。”黛绮丝无奈地摊开手。

“这就够了，我能根据这些已知条件推算出它们的排名。”雪莉说道。白蚁国王和王后都露出不相信的神色。

“首先，蚁丁的名次不是最高，但比蚁乙和蚁丙都高，那它一定是第二名。那么蚁甲就是当之无愧的第一名。其次，因为蚁丙的名次也不比蚁乙高，可见蚁乙是第三名，而蚁丙是第四名。”

“不错。”白蚁王后向雪莉投去了赞许的目光，“你们蚁族不仅有勇有谋，还谦虚高尚，我决定和你们合作，一起抵抗行军蚁的入侵。”

蚂蚁族和白蚁族一致决定，为了抗击行军蚁的入侵而尽释前嫌，联手合作。作为合作的第一步，白蚁国王向黛绮丝归还了所有被俘的蚂蚁战士，还有之前被抢走的粮食。

“希望你能原谅我们之前的粗鲁无礼，现在最重要的事就是制订接下来的军事计划。”

行军蚁的强大让所有的蚂蚁和白蚁都过目难忘，这次黛绮丝是靠智取吓走了行军蚁，下一次也许就没有那样的好运气了。

“一个完整的行军蚁军团可能多达两三百万只行军蚁。”雪莉说道。这个数字把大家都吓得从椅子上跳了起来。

“这么多？”白蚁国王大声喊道，“今天我们不过面对了上千只行军蚁，就够吃力的了。几百万只行军蚁一起前进，那如何抵挡得了？”

“它们不仅强大，还很狡猾。之前偷走我们的火药并试图制造爆炸，还有这次的小规模侵略，都只是试探行动而已。”白蚁王后冷静地分析道，“我认为它们正在试探我们的实力。”

娜娜前来报告："我们在战场上发现了一只受伤的行军蚁，它告诉了我们一条重要的情报：行军蚁计划在53天后，全面发动总攻。"

"53天后？"白蚁王后看向墙上的日历，"53天后是几号呢？"

"今天是您的生日，那么今天就是2月29号。"雪莉说，"2月29号的53天后应该不难计算。"

白蚁王后难为情地捂住脸："老实说，其他数学题对我来说都不在话下，可就是日期让我摸不着头脑。"

“原来是这样，让我来解答这个问题吧。”雪莉清清嗓子，“我们直接从 2 月 29 号往后推 53 天即可。”它拿起一支笔，在日历的空白处写起来：

2 月：2 月 29 日，当天不计算

3 月：3 月 1 日——31 日，共 31 天

还剩：53−31=22（天）。

也就是说，4 月的第 22 天，就是行军蚁们发动总攻的日子。

“那么，当天是星期几呢？”白蚁国王犹豫着问道，“要知道，星期六可是我的幸运日，如果它们在那天来犯，白蚁祖先一定会保佑我打败它们的。”

“想不到这位国王还挺迷信。”雪莉偷偷在心里想。它对大家说道：

“一周有7天，要知道53天后会是星期几，那么就得看在这53天里会经过多少次周循环。也就是用53÷7=7……4，也就是说，在7个循环之后，还剩4天。今天是星期二，用星期二加上4天，是星期六……天哪，国王陛下，那一天正好是你的幸运日！”

“真的吗？”白蚁国王眉开眼笑，“听你这么说，我就信心十足了。”

不过，雪莉知道，光靠幸运日可不能击退一支上百万的行军蚁大军，到底该怎么办呢？

行军蚁的报复

在蚂蚁族和白蚁族紧张地讨论作战计划时，行军蚁的主力部队已经逼近了红森林。

行军蚁的大统领乔弗里威严地坐在树根宝座上，行军蚁将领们排成两列，站在乔弗里脚下。乔弗里威严地看着它们。

“我们的第一波先锋部队就能荡平大部分的反抗者，接下来，大家只需要列队前进，就可以收获胜利的果实了。”

“战无不胜的大统领，完全占领红森林之后，我们的下一步计划是什么呢？”一只行军蚁将领谦卑地问道。

“那还用说？当整片森林被完全榨干之后，我们就得朝前方继续进军，这就是我们行军蚁的宿命：扫荡一切，征服一切，掠夺一切！”

突然，远处的蚁群中出现了一阵骚动。这让乔弗里皱起眉头：“队列不整，违反军纪，严惩不贷！”可还没等将领们反应过来，行军蚁士兵们就自动向左右分开，一只浑身是伤的行军蚁冲了进来，跪倒在地。

“报告大统领，我们遭到了意外的伏击，第一波攻击完全失败了！”

“什么情况，怎么回事？”乔弗里脸色微变。

“按计划，我们本来该前去消灭白蚁王国。可没想到半路上冲出来一群黑蚁袭击了我们，战士们伤亡惨重，两个梯队都有损失。目前，第一梯队的伤兵数是第二梯队的 5 倍，两个梯队伤兵总数是 2400 只。它们分别……啊！”

也许是太过激动，行军蚁一口气没喘上来，晕了过去。

“赶紧把它弄醒，我们还得知道两个梯队各自的伤亡情况呢！”一只行军蚁将领叫道。

“没有那个必要。”乔弗里挥挥手阻止了他，“我已经知道两个梯队各自的伤亡情况了。”

“哦？大统领英明！”众将领们有些疑惑地看着乔弗里。

“这就是个简单的倍数问题。我们可以把第二梯队数看作1，也就是一倍的数。第一梯队伤亡是二梯队的5倍。那么，它们相加之后，就相当于二梯队的6倍。而它们相加的和为2400只。这相当于说二梯队伤亡数量的6倍是2400，二梯队的伤亡数量为：2400÷6=400（只）。一梯队的伤亡数量为400×5=2000（只）。”

“大统领神机妙算，我等自愧不如！”众将领交口称赞。

“哈哈，你们记住，在这种情况下，两数之和 ÷ 倍数和 =1 倍的数。”乔弗里在夸赞声中得意地大笑起来。

“可我们接下来该怎么做呢？”一位将领问道。

“此仇不报非君子。”乔弗里站了起来，“传我的命令，全军出击。以我们数量和战斗力上的绝对优势，不管什么样的敌人，都会被碾得粉碎！”

空城计

为了准备接下来的恶战，蚂蚁们和白蚁们第一次团结了起来。白蚁城堡变成了临时的指挥部，蚂蚁族的援军源源不断地向这里前进。不过，伴随着援军而来的还有大量的藤条、布片和绳索。这让白蚁国王十分奇怪。

“你们这是干什么？”

“以防万一。”雪莉神秘地眨眨眼，“现在，最要紧的是加强白蚁城堡周围的防御。行军蚁既然已经前来破坏过这里，说明你们是它们的首要攻击目标，而我们蚂蚁族暂时还没有被当作强敌看待，这给了我们一个机会。”

“什么机会？”这回连白蚁王后也大惑不解了。

“我们来个空城计，把所有的白蚁撤走，让行军蚁们围攻白蚁城堡。我们再在外围组织反包围，一定能打得它们措手不及。”雪莉自信地说。这是它和黛绮丝一起想出来的妙计。

“呵呵，听上去很好。不过你们忽略了一个问题。”白蚁王后笑道，“白蚁城堡里有大量的幼蚁，不可能带着它们长途跋涉。而且，我们也很难分出足够的人手来搬运它们。”

“我们已经考虑到了这一点，所以带来了制作热气球的材料。”雪莉胸有成竹地说。

“热气球？”白蚁王后和国王瞪圆了眼睛。雪莉告诉它们，这是蚂蚁家族的新发明，可以携带大量的蚂蚁和物资在空中飞行。在对抗毒蝎族的战斗中，它就曾经发挥了重要的作用。

“现在，我们得赶紧把热气球组装起来，抓紧时间把没有战斗能力的幼蚁抢运出去。”黛绮丝说。

“不过，目前有一个问题，制作热气球需要两种不同硬度的藤条：硬藤条和软藤条。硬藤条和软藤条长度之和是 370 米。而硬藤条比软藤条多 190 米。可我们不知道这两种藤条各需要多少米。”工程蚁队长说道。

“怎么会呢？你们在计算出总数之前，应该就已经知道了两种藤条各自的长度哇。”白蚁王后难以置信地问道。

“确实是这样。不过，记录数字的工程蚁一时疏忽，把数据给弄丢了。现在我只记得这两个数据。”工程蚁队长不好意思地耸耸肩，“或者我们可以再数一遍？”

“不用了，我们没那么多时间。”黛绮丝摇摇头，“而且，我现在就可以根据你的数字算出两种藤条的长度。”

黛绮丝在地上画了张图：“这是一个典型的和差问题。我们可以给软藤条加上硬藤条比它多的部分，也就是用虚线表示的两数之差，那么，软藤条加上两数之差 = 硬藤条。我们可以列出一个算式：软藤条 + 两数差 + 硬藤条 = 软硬藤条之和 + 软硬藤条之差。用得到的结果 ÷2 就可以得到较大的数。当然，如果用（两数和 − 两数差）÷2，就可以得到较小的数。”

“这么简单？”工程蚁队长试着算起来，“（370+190）÷2=280（米），（370−190）÷2=90（米），果然没错！”

“好了，我们开工吧！”黛绮丝高兴地说。

挖陷阱

就在蚁族工兵准备开工之际，白蚁王后叫住了大家：

“且慢，我们还没开战就想着逃走似乎不太合适，你们难道就没有给敌人来个迎头痛击的计划吗？”

“当然有啦。”黛绮丝点点头，“在白蚁城堡的外围，有一条狭窄的小路，如果行军蚁要发动正面进攻的话，这里是必经之路，我打算在这里布下陷阱。”

“陷阱？”白蚁国王问道。

“对，之前我们赖以逃脱的地道就从小路下面穿过。”黛绮丝调皮地眨了眨眼睛。

黛绮丝告诉白蚁国王和王后，在小路的下方布满了天然的坑洞。如果顺着地道往四周挖掘，要不了多长时间就能把地下挖空。当行军蚁的大军从这里经过时，必然会掉进陷阱里。如此一来，它们的锐气必然会大受打击。

“挖土掘洞正是我们白蚁家族的老本行，这个工作就交给我们吧。”白蚁国王高兴地说道。

“等等，要挖地道，还得解决一个重要的问题。”

根据黛绮丝的观察，地表土质十分疏松，如果一味在地下挖掘，上面的泥土随时可能坍塌下来，那时就前功尽弃了。因此必须要准备大量的树枝作为支柱，每根树枝都用绳索连接起来。当行军蚁大军进入埋伏圈后，大家一起拉动绳索，就可以让陷阱坍塌下来。

“这就需要准备大量同等长短的木头。放心吧，这也是我们白蚁的长项。”白蚁国王又一口答应下来。

黛绮丝举起一根木棍：“像这样的木棍，把它等距离咬成五段，每段就刚好可以用来作为地道的支柱。”

“啊。”白蚁国王摸了摸头，“在我们这里，一只普通的白蚁把木棍咬成 4 段需要 12 分钟。不知道咬成 5 段需要多少分钟？”

“这个简单。”娜娜抢答道，“咬成 4 段用 12 分钟。那么每一段用的时间就是 12 ÷ 4=3（分钟）。咬成 5 段就是 3 × 5=15（分钟）……喂，你们为什么都在笑我？”

雪莉无奈地叹了口气：“我的傻娜娜，你仔细想一想，一根棍子咬成 4 段，只需要咬三次呀，也就是每咬一次的时间为 12 ÷ 3=4（分钟）。而咬成 5 段呢，只需要 4 次就可以，所需的时间是 4 × 4=16（分钟）。”

“天哪，我怎么这么糊涂。”娜娜狠狠地拍了拍自己的脑袋，“看来时间比我想象的还久，我们蚂蚁家族也帮着白蚁们一起动工吧！”

敢死队抽签

陷阱刚刚准备好，漫山遍野的行军蚁大军就冲杀过来。黛绮丝下令拖动绳索，绳索又拉倒了木棍，泥土失去支撑向下塌陷，冲在前面的行军蚁纷纷栽进了陷阱里。

烟尘散去，一条深沟出现在行军蚁大军面前，行军蚁们一时迟疑不前。

“计策奏效了！”露西和娜娜高兴得抱在一起转起了圈圈。看来行军蚁也没传说中那么厉害嘛。

突然，行军蚁阵后传来了一声号角声。紧接着，排在前列的行军蚁开始向前迈进，然后齐刷刷地掉进了沟里。

“天哪，它们在干什么？”眼前这一幕让所有的蚂蚁和白蚁都惊呆了。只见行军蚁前赴后继，后面的行军蚁紧紧咬住前面行军蚁的身体，没过一会儿，它们竟然搭起了一座“蚁桥”！成千上万的行军蚁开始从自己同伴的身体上跨过。

“怪不得……据说没有任何障碍可以让行军蚁停下来。”傻眼的白蚁国王喃喃自语。

“只有硬碰硬了！”白蚁王后咬咬牙，开始执行第二步计划，由白蚁家族的精锐力量抵挡行军蚁的进攻，蚂蚁家族的援兵则帮助白蚁家族的老弱病残乘坐热气球向安全地带转移。

“敌人的进攻太猛烈，我们很难在平地上抵挡住它们的猛攻，必须依托白蚁城堡的地形优势。”白蚁王后决定选出一批战士作为敢死队，拖住行军蚁，为大部队的转移和反攻争取时间。

“我！”“我、我！”不管是白蚁族还是蚂蚁族，战士们都纷纷自告奋勇，这让黛绮丝和白蚁王后为难起来，到底选谁呢？

“有了！”黛绮丝决定抽签。它吩咐士兵找来许多红色、黄色和绿色的树叶，然后把树叶排列起来。

“抽到红色的战士将会被编入敢死队，抽到黄色的战士继续帮忙转移物资和人员，抽到绿色的战士在雪莉的带领下向后方转移，保存有生力量！”

这样一来，大家都没话说了。它们排成一条长队，开始抽签。只有娜娜多了个心眼儿。它发现树叶是按1红，2黄，3绿的顺序排列，又数了数，发现自己排在第89位。那么，自己能不能如愿抽到红色的敢死队签呢？

娜娜悄悄地问雪莉这个问题。雪莉笑了笑：

“按规律，一组完整的树叶为红 1+ 黄 2+ 绿 3，共 6（片）。你排在第 89 位，那就是 89÷6=14（组）……5（片）。也就是说，在 89 名战士中，有 14 组 6 名一组的战士，还余 5 名。你就是第 5 名。这 5 名按红 1+ 黄 2+ 绿 3 的顺序继续往下排，第 5 名抽到的是绿色签。”

“这样啊！”有些失望的娜娜灵机一动，“那排我后面的第二名战士不就能抽到红色签吗？”它装作不在意的样子拍了拍身后那只白蚁的肩膀：

“我想上厕所，你能和我换个位置吗？”

白蚁傻乎乎地一口答应了下来。终于，娜娜如愿被选为了敢死队队员。

行军路线之争

敢死队编组好之后，白蚁王后坚持由自己率领。它要留在白蚁城堡拖住行军蚁的猛攻，为大部队的转移争取时间。

“你可一定要平安回来呀。”白蚁国王拉着王后的手，舍不得放开。黛绮丝和雪莉好不容易才劝说它赶紧率队离开。

白蚁王后指挥敢死队队员把剩下的火药倒在白蚁城堡里，只要行军蚁攻破城堡，它就会下令点火，和敌人同归于尽。

很快，潮水般的行军蚁开始突破最后的防线，冲进白蚁城堡。白蚁王后带着娜娜等少数战士撤上了高塔，可行军蚁还在源源不断地向上进攻，完全没有挡住它们的办法。王后叹了口气，对剩下的战士们说道：“我可不想成为它们的俘虏，你们快想办法逃走吧。”

“不，我们应该共同进退。”娜娜说道。

王后摇摇头，打开一道暗门：“你们可以从这里离开，但作为白蚁族的王后，坚守阵地是我的责任。”

在白蚁王后的坚持下，娜娜带着少数战士从暗道中逃了出来。当娜娜回头看向远处的白蚁城堡时，发现那里已经燃起了冲天的火光。看来，白蚁王后已经引燃了火药，和入侵者们同归于尽了。

“一定要为它们报仇！”娜娜咬咬牙。不过现在最重要的事，是赶紧追上正在撤离的大部队。

不过这时候，由黛绮丝和白蚁国王统率的联军中却发生了争吵。争吵的原因是黛绮丝为了加快行军进度，安排了三条不同的行军路线向蚁族营地撤离，但白蚁族的将士却提出了反对意见。

“尊敬的将军，为什么故意安排我们走一条较长的路线？这太不公平了！”白蚁将军愤怒地说道。

“何出此言呢？”黛绮丝平静地问道。

“请看地图，你命令我们从 A 点向 B 点行军。我们白蚁族走的是中间较长的路线，而你们蚁族走的却是两边较短的路线。”

“我这样安排的本意是让蚁族士兵在两翼保护白蚁士兵。况且，三条路线是一样长的，何来不公平之说？”黛绮丝平静地解释道。

“我说将军，看上去中间的路线好像确实更长，是不是……”白蚁国王犹豫地说道。

“这是一个错觉。实际上，三条路线是一样长的，不信我们可以把图形分解开来。”

黛绮丝用木棍拼出了长方形的一半，看上去就像台阶的侧面。然后把中间横着的小木棍向上移动，竖着的小木棍向右移动。神奇的事发生了，台阶状的图形变成了长方形。

“其实图形中中间路线的长度和两边是一样的，通过平移图形就能够发现这一点。”

原来是这样，一场争吵平息了。

联合出击

当所有蚁族和白蚁族都转移到蚁族大本营后，黛绮丝立刻召开了由各种森林动物出席的大会。在大会上，它宣布了行军蚁大军入侵的消息。

“我们一定要团结起来，粉碎行军蚁的野心。”

但出乎黛绮丝预料的是，各族动物和昆虫们都纷纷摇头。它们在听说了行军蚁的暴行后，都不敢与之发生正面冲突。毕竟，几百万只行军蚁乌云盖顶一般袭来，没有什么动物能够抵挡它们的攻势。

“我建议咱们暂时撤出红森林，等行军蚁离开后再回来。”鸟王拉达建议。毕竟，鸟儿们善于飞翔，从这里逃走易如反掌。

“我建议咱们躲到地下，等行军蚁离开后再出来。”鼹鼠家族和蚯蚓家族建议。这也难怪，它们本来就常年生活在地底下，这对它们来说是日常生活。

其他昆虫和动物的代表也七嘴八舌，表示三十六计，走为上计。

“好吧，也许你们可以逃走，但我们蚁族不会放弃自己世世代代生活的家园。”黛绮丝摇摇头，站起来。

“所有蚁族战士，听我命令，我们需要在营地外挖出一条护城河，引来河水，阻挡住行军蚁前进的脚步。”

“这不光是你们蚁族的事，我们白蚁族也要参加，为白蚁王后报仇。”白蚁国王也站了起来。

“对！”白蚁士兵们发出雷鸣般的怒吼。

“好，那就让我们赶快行动吧。”黛绮丝吩咐战士们将铲子、锤子、锄头、犁等工具分发给大家，争分夺秒准备开工。

不过，没过一会儿，工程蚁就哭丧着脸找了过来。

“将军，报名领取工具的蚁数太多，蚂蚁、白蚁都有，工具的种类又很多。负责管理仓库的蚂蚁已经晕头转向了，完全搞不清楚工具的发放和领取状况。”

“这确实是个问题。”黛绮丝看向雪莉。雪莉笑了笑：“我的将军，用复式统计表就能解决这个问题。”

“复式统计表？”黛绮丝还是第一次听说这个名字。

“对，把两个或两个以上有联系的单式统计表合并在一起，就得到了一张复式统计表。”雪莉“刷刷刷”几笔画出了一张表格，“像这样，横行按工具的种类分类，纵列按蚂蚁和白蚁家族分类。负责管理仓库的蚂蚁就能一目了然：每种工具有多少，蚂蚁家族和白蚁家族各领取了多少。”

“原来如此！”仓库蚁猛拍了一下脑袋，“这样就不会犯糊涂啦！”

蚁类 蚁数 工具	蚂蚁	白蚁	合计
铲子			
锤子			
锄头			
犁			
总计			

新的争吵

按雪莉的计划，应当在引水之前绕着蚁族大营挖出护城河壕沟，壕沟必须留出足够的面积。根据测算，至少需要1400平方米。

这本是个简单的工程问题，没想到蚁族和白蚁族的工兵又因为壕沟的形状而吵了起来。

“我认为，壕沟应该挖成长40米，宽30米的长方形才对。”蚁族的工程蚁挥舞着图纸说道。

“不对，壕沟应当挖成长 60 米，宽 20 米的长方形才对。”白蚁族的工程蚁不甘示弱。

“唉，你们怎么又吵起来了？”白蚁国王无奈地说，“不过，我们白蚁族更偏爱窄一点儿的长方形。希望你们能够理解。”

雪莉想了想，说道：“我尊重白蚁族的偏好，可壕沟的形状必须按蚂蚁族工程蚁的方案挖掘。”

黛绮丝想劝劝雪莉。在它看来，两个长方形的面积都是一样的：40×30=1200（平方米），60×20=1200（平方米）。既然这样，为什么不能给白蚁国王一个面子呢，这样也好显示两家联合抗敌的诚意呀。

雪莉拼命摇头："我的将军，虽然两个长方形的面积相当，但你们都忽略了一点，它们的周长并不相等。"

"什么？"黛绮丝和白蚁国王对视一眼，都十分纳闷儿。这世界上怎么会有面积相等而周长不相等的长方形呢？

“这很正常，请让我演算给二位看。”雪莉在地上画起来，“当长方形长 40 米，宽 30 米时，面积为 1200 平方米，周长为（40+30）×2=140（米）。而当长方形长 60 米，宽 20 米时，面积也为 1200 平方米，但周长为（60+20）×2=160（米）。也就是说，如果我们选择较窄的长方形，战士们就需要多挖 20 米的壕沟。大战在即，时间宝贵，我们需要尽量节省时间哪！”雪莉的话让大家打消了疑惑，所有人都紧张地投入到了挖掘壕沟和引流河水的工作中。

渡河

当壕沟挖掘工作完成时，蚂蚁族的飞行蚁带回来了最新的敌情。

“漫山遍野的行军蚁现在正在向我们袭来！”

听到这个消息的蚂蚁和白蚁们都紧张起来，倒是黛绮丝不慌不忙。它下令：“开闸，放水！”

水很快就灌满了壕沟，就像一条护城河，湍急的水流绕了个圈后又回流到河水中。除非从空中进攻，否则绝无可能跨过这道防线。

很快，乔弗里也带着大军来到了护城河边。“以为这样就能挡住我们的脚步吗？”乔弗里一挥手，组成方队的行军蚁开始冲向河水。不过，湍急的水流立刻把它们冲得七零八落，消失在了水中。

“第二队，再上！”乔弗里命令道。很快，它们也消失在水中。

“大统领，这样不是办法呀。”一位将领担心地说道。

乔弗里狠狠地瞪了它一眼：“准备渡船！每支行军蚁小队负责准备足够自己小队过河的渡船！”

行军蚁大军立刻行动起来，它们冲进树林，开始采伐树叶作为自己的渡船。但很快，不少行军蚁又陷入到了新的困惑中。

“我们每支小队有 40 只行军蚁，根据这些树叶的大小，每片树叶可以乘坐 7 只行军蚁，我们该准备多少条渡船呢？”

“怎么了，这又有什么问题？”急着渡河的乔弗里气得吹胡子瞪眼睛。

“是这样的，这本该是个除法问题。40 ÷ 7=5……5(名)。这就多出了5名战士，5条船无法载走所有战士。”行军蚁战士擦了擦汗，回答道。

“笨蛋！这是个加一份的余数问题。剩下的5名也需要单独的一条船。5+1=6，你们每支小队需要6条船！”乔弗里大统领粗鲁地回答道。

“报告大统领，我们找到了另一种特别的树叶。每3片树叶可以造一条大船，足够运送100名战士！”有行军蚁战士喜气洋洋地汇报道。

“是吗？那太好了。”乔弗里高兴地说道。

“不过，我们只找到了17片这种树叶，能做几条大船呢？”行军蚁战士问道。

“17÷3=5……2（片），唔，会余下两片树叶，但不足够做一条完整的大船，所以你们只能制造5条这样的大船。”乔弗里说道。

得到了大统领的指示，行军蚁们迅速开工，很快，它们就抬着战船重新来到河边。这时，乔弗里又吩咐行军蚁们砍来大量的树枝。

“把所有的树枝推进河里，这样可以让水流变慢，我们再趁机渡河！”

遭遇围攻

在乔弗里的指挥下，大量的树枝和树叶被推进河里。不过，湍急的河水很快就把它们冲得一干二净，气得乔弗里直跳脚。

“大统领，我们应该截断水源才是。”有行军蚁将领反应过来，向乔弗里献计。

“哦，对对对，看起来这条河并不是自然形成的。”乔弗里命令手下赶快去探查明白。没过多久，它们终于搞明白原来流水是从河里引来的。

“抢占大坝，截断水源！”乔弗里大统领下令道。行军蚁分出一支部队，向大坝前进。

黛绮丝早已在水坝周围修筑了防御工事。工事居高临下，石头和土块像雨点一样落下，打得行军蚁丢盔弃甲。

“可恶，用蚁海战术，不管损失多大，都要夺下来！”气急败坏的乔弗里亲临一线指挥。在它的督促下，猛烈的攻击让防线节节后退。

“报告，我们所防御的领土已经丢失了 50%。”一只白蚁向白蚁国王报告。话音未落，另一只带伤的蚂蚁也赶了回来。

“不好了，我们的防线面积丢失了$\frac{1}{2}$。”白蚁国王刚要说话。第三只蚂蚁也来了：“糟糕，我们的防御面积已经打了五折了。”“等等！”白蚁国王大叫起来，“为什么说法都不一样？”

“国王陛下，它们说的实际上是一回事。”雪莉冷静地说。

“啊？”白蚁国王擦了擦汗，“我不明白。”

“50%和$\frac{1}{2}$都是分数。只不过，50%是一种特殊的分数，又叫作百分数。实际上，它相当于整体的一半，也就是$\frac{1}{2}$。同样，$\frac{1}{2}$如果把分子和分母扩大相同的倍数，分数的大小实际上是不变的。比如同时乘以50，那么，$\frac{1}{2}$就变成了50%。”

“哦，这样一说我就有点儿明白了。可五折又是怎么回事？”白蚁国王问道。

“实际上，‘折’就是折损或折扣的意思，它表示在原来数量上少了一个或几个百分点，比如1折就是原来数量的90%，2折就是原来数量的80%……五折即原来数量的一半，跟50%和$\frac{1}{2}$表示的是一个意思。”雪莉进一步解释道。

“原来如此，看来目前形势很严峻哪。”白蚁国王叹了口气。

“不行，我们必须亲临前线，否则一切就全完了。”黛绮丝说道。

死里逃生的白蚁王后

听说黛绮丝要亲自前往水坝，雪莉一把拉住了它："不行，这里更重要，你必须留下来主持全局。我愿意替你去。"

白蚁国王也站了起来："是时候该我上战场了，我去！"

"这样下去不是办法。"就连雪莉也有些着急了，"根据我的估计，大坝最多还能坚守 13 个小时。"

“那什么时候大坝会沦陷呢？”黛绮丝问。雪莉回答道：“一天有 24 小时，像这样时间跨越两天的情况，我们需要先把第一天的时间填满，再根据剩下的时间，就可以得到第二天的时刻。”

“时间和时刻有什么区别？”露西问道。

“时间是一段长度，而时刻是一个点，13 个小时就是时间，而 13:00 就是时刻。我们用‘小时’来作为时间的单位，而用‘时’来作为时刻的单位。”雪莉耐心解释道，“现在是下午 19:00，一天有 24 个小时，也就是说，离今天结束还有 24−19=5（小时）。当 5 小时之后，防守大坝还剩的时间就是 13−5=8（小时）。此时新的一天已经从 0 开始了。0+8=8（时）。大坝会在明天上午的 8 时整陷落。”

“我们时间不多了，必须在此之前想出办法。”黛绮丝忧心忡忡地说道。突然，天上有一片黑影飞过，那是一只大鸟。紧接着，天空中出现了一棵蒲公英，晃晃悠悠地落了下来。

“天哪！”所有蚂蚁和白蚁都惊呼起来。白蚁王后抓着蒲公英降落伞跳了下来。

问答题

1. 2 点以后，什么时刻分针与时针第一次成直角？

2. 在 10 点与 11 点之间，两针在什么时刻成一条直线？

“你竟然平安无事？这太神奇了！”娜娜看着白蚁王后惊讶得瞪大眼睛。毕竟大家都以为白蚁王后在城堡陷落时葬身火海了。

白蚁王后告诉大家，大火的烟气产生了强大的上升气流，把它也给一起带到了天上。在空中飘荡了好久，它意外地落到了一只白鹤的背上。

白鹤本来想一口吃掉白蚁王后。但机智的白蚁王后提出，它知道一片水草丰美的沼泽，可以告诉白鹤这片沼泽的位置，这让白鹤改变了主意。它不但答应送白蚁王后一程，还告诉了白蚁王后一个秘密。

“那就是如何打败行军蚁的秘密。”白蚁王后神秘地说。

援兵出现

原来，白鹤告诉白蚁王后，有一天，它从空中俯瞰大地，竟然发现了一个奇怪的黑色旋涡。它凑近观察，才发现那是一大群行军蚁徒劳地绕着中心不断转圈，一直到所有的行军蚁都精疲力竭死去为止。

“这叫死亡旋涡。因为行军蚁只会盲目地追随它们的首领留下的气味。一旦首领被引入到这样的陷阱中，所有的行军蚁也会跟随前进，直到耗尽体力。”白蚁王后说道。

“我有办法了。”雪莉一拍大腿，“只要能冒险引诱行军蚁的首领来追赶我们，就能设法让它们陷入死亡旋涡之中。”

“可是，它们的体形更大，动作更快，用自己当诱饵几乎是主动送命的行为呀。”侦察队长露西提出了反对意见。

“我有新发明，可以帮助我们行进得更快。”雪莉推出了一个带着两个轮子的怪家伙，“我给它起名叫作‘脚踏车’，只要用脚蹬就可以飞速前进。”

“可我们也没有办法把这种车辆运过河去呀。”露西指着湍急的河水说道。这倒是个问题，当初修护城河的时候可没想到这一点。该怎么办呢？

突然，一群鸟儿飞过护城河，降落在蚂蚁大营之中，领头的正是鸟王。

“老伙计，离开之后我想了很久，觉得确实不该做一个胆小鬼，丢下红森林让给入侵者。现在，我决定回来加入你们的战斗。”鸟王激动地说。

“太好了，你正好可以帮我们把这些脚踏车运到护城河对岸，我们从行军蚁后方发起突袭。”黛绮丝高兴地说。

“没问题，不过我正好有个数学问题，想要请教一下雪莉军师。”鸟王突然想起了什么，“是这样的，我们的老顾问告诉我，如果不能打败行军蚁的话，森林里的浆果很快就会消耗殆尽。如果我们鸟族每天需要消耗 8 片山头的浆果，那只够消耗 6 天，还能剩余一些浆果。但我怎么也想不明白还能剩多少浆果，以及红森林的浆果总数有多少？”

"这是一个余数问题。"雪莉说道，"我们可以写出这样一个算式：（　）÷8=6……（　）。除法有一个规则，那就是余数一定要比除数小。根据这个规则，余数最大应该是7片山头，最小应该是1片山头。我们可以根据这两个不同的余数来求出被除数。也就是说，红森林的浆果总数最大是6×8+7=55（片），最小是6×8+1=49（片）。"

"乖乖，要是不打败行军蚁，最多一周，我们鸟族也会陷入饥饿状态。"鸟王吐了吐舌头，"看来，这一仗必须要赢！"

诱敌深入

黛绮丝组织了一支脚踏车小队，由鸟王驮着大家飞越护城河，降落在行军蚁的后方。乔弗里大统领发现了它们，勃然大怒："所有战士，跟我发动追击！"

在乔弗里的指挥下，黑压压的行军蚁改变了作战方向，朝黛绮丝它们扑来。

看着后面疯狂追赶的行军蚁大军，猛蹬脚踏车的黛绮丝突然想到了一个问题，几百万只行军蚁组成的死亡旋涡一定很大，必须得找到足够面积的空地才能容纳得下呀。

“只要计算出行军蚁所占的面积就有办法了。”雪莉说。

黛绮丝皱起眉头，要是能飞到空中看看，倒是一目了然。地面上怎么算？

“行军蚁目前排成10列纵队。虽然看不到队伍有多长，但鸟王估计共有200万只行军蚁。$2000000 \div 10=200000$（行），就是一个20万行的长队，大概是一个长方形，每只行军蚁占的位置横竖都是1厘米。那么，长方形的宽就是$10 \times 1=10$（厘米），长

就是 $200000\times1=200000$（厘米）。所以长方形队列的面积大约是 $200000\times10=2000000$（平方厘米）。”雪莉算道。

“2000000 平方厘米，那就是 200 万平方厘米呀。”黛绮丝惊呼。

“一个螺旋形的图案，可以近似地看作一个圆形，我们需要找一块面积更大的圆形空地。圆形的面积计算公式 $=\pi\times r\times r$。π 值是固定的，取 3.14，r 代表圆的半径。”雪莉说道。

"那就是 3.14×r×r=2000000 平方厘米。"黛绮丝抱怨道。

"确实，不过我们可以估算，只要面积大于 200 万平方厘米就行。在乘法算式中，任何一个乘数或多个乘数变大，结果也会变大。我们可以把 3.14 看作 4。2000000÷4=500000（平方厘米）。"

"接下来，需要找到两个同样的数相乘大于 500000 平方厘米。保险起见，应该是 800×800=640000 平方厘米，圆的半径最好有 800 厘米左右。"

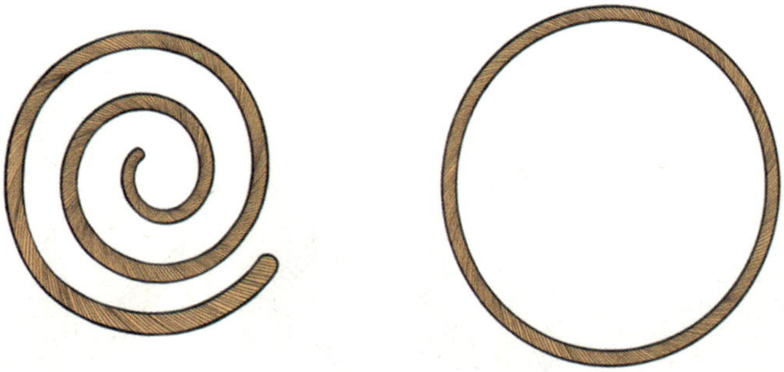

“我知道哪里能找到，走！”听到这里，黛绮丝加紧了蹬踩脚踏车的速度。

几经周折，黛绮丝和雪莉它们终于把行军蚁引到了山谷前。这里的地形足以容纳下 200 万只行军蚁，而且除了入口外，四面环山。一旦进入，就很难再找到出口。

黛绮丝和雪莉奋不顾身地冲进山谷。要是行动失败，几百万只行军蚁将会把它们撕成碎片。

“哈哈，自寻死路。”乔弗里大统领乐了。在它的指挥下，行军蚁密密麻麻地涌进了山谷。“快来抓我们吧。”黛绮丝和雪莉一边回头嘲讽，一边沿着山谷最外侧绕着圈骑行。行军蚁们在它们后面形成了一条螺旋状的队伍。一圈一圈又一圈，留给黛绮丝它们的空地越来越小。

“将军，再这样下去就无路可走了！”蚂蚁们焦急地说。

“大家别慌，还有最后一圈！”黛绮丝依然十分沉着。

“哈哈，你们逃不掉了！”眼看黛绮丝等蚁族战士已经被赶上绝路，乔弗里觉得自己锋利的大颚已经快要咬到了黛绮丝的后背。突然一只大鸟从天而降，抓起乔弗里飞上了天空。紧接着，更多的鸟把黛绮丝和雪莉，以及其他的蚁族战士都带上了天空。“怎么搞的？”乔弗里在空中大叫，它想命令行军蚁们停下来并组织进攻。

但很快乔弗里就发现这是徒劳的。因为近 200 万只行军蚁全部冲进了山谷，而它们的大统领突然不翼而飞。没了大统领的命令，所有的行军蚁都盲目地向前奔跑着。“2000000 只行军蚁，已经有 200000 只累得倒下了。据我观察，每分钟都会有 50 只行军蚁筋疲力尽地倒在地上。”在空中往下看的雪莉说道。

“剩下的行军蚁要多长时间会全部累倒呢？”黛绮丝问。

“（2000000－200000）÷50=36000 分）。”雪莉回答道，“1 小时 =60 分，1 天 =24 小时。36000÷60=600（时），600÷24=25（天）。天哪，它们会在这里一刻不停地奔跑整整 25 天！”

“要这么久？”黛绮丝突然有些同情起这些可怜的行军蚁了。

“不，我的士兵，我的子民！”半空中的乔弗里大统领看着下方的死亡旋涡，绝望地悲叹起来。它沉默片刻，转向黛绮丝：

“你能救救它们吗？如果你能做得到，我愿意发誓退出红森林，以后永远不会侵犯你们。”

黛绮丝和雪莉对视一眼，达成了默契：“我们不能看着这么多行军蚁见死不救，就相信你一回！”

黛绮丝贴在鸟王耳边说了几句，鸟王猛地一个俯冲，在山谷的出口降落，最后稳稳地将乔弗里放到了出口外的地上。

乔弗里对着山谷里的行军蚁们大喊：“喂，后队变作前队，跟我出发！”像无头苍蝇一样乱窜的行军蚁们终于被平安无事地带出了山谷。

“我输了，我会兑现诺言。”乔弗里说到做到，真的带领行军蚁们撤出了红森林。蚂蚁族和白蚁族战胜了强敌，双方将士也在并肩战斗中变成了好朋友。

“我保证，白蚁族不再是你们的敌人，保证在红森林中和你们和平友好地相处下去。”白蚁国王为了表示诚意，举办了

一场盛大的晚会。晚会一直持续到第二天早上，载歌载舞的蚂蚁们累得沉沉睡去。

“天哪，我的手怎么会变得又红又肿？”当黛绮丝醒来时，它大吃一惊。

“哈哈，我的也是。你知道我们昨晚一共握过多少次手吗？”雪莉笑了起来。

“多少次？”黛绮丝揉揉眼睛，迷迷糊糊地问道。

“昨天晚上的宴会上，留到最后的白蚁加蚂蚁一共 18 只。每两只都握过一次手告别。你能算出来总共握过多少次手吗？”雪莉问道。

“这个问题可真有意思，让我想想看。每两只蚁都握过一次手，那场面一定十分混乱，这怎么数得过来呢？”黛绮丝还是有些糊涂。

“握手是不重复的，所以你可以这样想：把 18 只蚁排成一排，第一只蚁需要和它后面的 17 只蚁一一握手。然后，第二只蚁再和它后面的 16 只蚁一一握手，直到最后两只蚁互相握手，这就可以做到不重复了。”雪莉引导道。

“如此一来，就是 17+16+15……+2+1，咦，这好像是一个等差数列呀。我可以用首项＋末项的和乘以总项数，然后再除以 2，就是（17+1）×17÷2=153。天哪，昨晚大家一共握过 153 次手，怪不得手都握肿了。”

黛绮丝和雪莉一起哈哈大笑起来。这一场风波终于平息了，红森林再次恢复了和平。